全国百佳图书出版单位
吉林出版集团股份有限公司

图书在版编目（CIP）数据

童眼认昆虫 ： 100个昆虫知识 / 英童书坊编纂中心编. -- 长春 ： 吉林出版集团股份有限公司，2024.6（2025.2 重印）
ISBN 978-7-5731-3689-3

Ⅰ. ①童… Ⅱ. ①英… Ⅲ. ①昆虫－儿童读物 Ⅳ. ①Q96-49

中国国家版本馆CIP数据核字(2023)第115417号

童眼认昆虫　100个昆虫知识

TONGYAN REN KUNCHONG　100　GE KUNCHONG ZHISHI

编　　者：英童书坊编纂中心
责任编辑：欧阳鹏
技术编辑：王会莲
数字编辑：陈克娜
封面设计：壹行设计
配　　音：陈丸子
开　　本：889mm × 1194mm　1/12
字　　数：113千字
印　　张：4.5
版　　次：2024年6月第1版
印　　次：2025年2月第2次印刷

出　　版：吉林出版集团股份有限公司
发　　行：吉林出版集团外语教育有限公司
地　　址：长春市福祉大路5788号龙腾国际大厦B座7层
电　　话：总编办：0431-81629929
数字部：0431-81629937
发行部：0431-81629927　0431-81629921(Fax)
网　　址：www.360hours.com
印　　刷：吉林省创美堂印刷有限公司

ISBN 978-7-5731-3689-3　　定　　价：22.80元

举报电话：0431-81629929

目录

蜉蝣

蜉蝣是一种要经历数十次艰难蜕皮，却只拥有短暂生命的昆虫。它们的翅膀为透明薄翅，前翅很发达，后翅已退化，变得非常小。春夏黄昏时分，蜉蝣常会在水面翩翩起舞以寻找配偶。

豆娘

豆娘喜欢生活在有水的地方。虽然豆娘看上去一副弱不禁风的样子，但它们却是一种肉食性昆虫。豆娘擅长捕食空中的小飞虫，但由于它们的体形不大，飞行速度较慢，因此主要以体形较小的蚊、蝇和蚜虫等为食。

皇蜻蜓

皇蜻蜓又名帝王伟蜓，主要分布于欧洲、非洲、亚洲。其翅膀展开后最长可达十几厘米，是蜻蜓王国中的巨人。皇蜻蜓可以每小时60千米的速度向任何方向飞行，是蜻蜓家族中绝对的飞行高手。

大团扇春蜓

大团扇春蜓常栖息于平原或丘陵的池塘、湖泊和水田等地。它们最大的特点是第八腹节侧缘都如圆扇状。大团扇春蜓是有益于人类的一种重要的天敌昆虫和水质环境的指示昆虫。

跳虫

跳虫终生无翅、身体柔软，足尖端很锋利。它们之所以能跳，是靠腹部下方的特殊结构抵住地面后再腾空跃起，其向前跳跃的距离可达身长的好几倍。跳虫在我国各地均有分布，有些种类是危害极大的农业害虫。

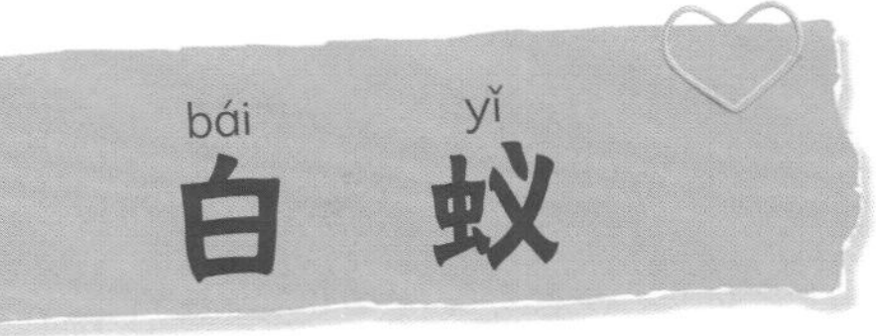

白蚁

白蚁是一种危害性很大的昆虫，它们成千上万地生活在一起，啃食植物、建筑等。它们的上颚强壮而有力，能啃食坚硬的物体。白蚁还是建筑大师，它们会用嚼碎的树枝、泥土和粪便建造高达数米的巢穴。

竹节虫

竹节虫是一种身体修长，十分善于伪装的昆虫。它们的身体呈直杆状，颜色和竹枝竹叶的颜色十分相近，高温、暗光可使其体色变深，让人难以分辨。竹节虫行动迟缓，白天静静趴在树枝上，晚上才出来活动。

叶虫

叶虫是一种长得很像树叶的昆虫，是昆虫界的伪装大师。其身体大多都是绿色的，与栖息环境中植物的叶子颜色相似。叶虫在爬行的时候还会来回摇晃身体，让自己看起来像是被风吹动的树叶。

蟑螂

蟑螂昼伏夜出、喜阴怕光，特别喜欢在温暖、潮湿和缝隙多的场所活动。它们是杂食性昆虫，人类常吃的各类食品都是它们的美食，所以蟑螂经常出现在人类的居所，不仅污染环境，还会传播有害病菌。

广斧螳螂

广斧螳螂，俗称宽腹螳螂，其突出的特点是前肢上三个突起的黄色斑点，以及双翅上的一对白斑。其主要在灌木和乔木上栖息和活动，有时也会出现在草丛中。广斧螳螂经常以农林害虫为食，所以是一种益虫。

兰花螳螂

兰花螳螂主要以围绕兰花生活的昆虫、蜘蛛等小型动物为食。兰花螳螂可以说是全世界最漂亮的螳螂之一，它们能够完美模拟兰花的形态，同时结合自身出色的视觉和出击速度，成为世界上最为致命的伏击猎手之一。

刺花螳螂

刺花螳螂的习性与兰花螳螂十分类似，都是性格温顺的、昼行性的树栖昆虫。刺花螳螂以全身布满棘刺而闻名，其翅膀上还有一对眼睛一样的花纹，十分漂亮。它们的食谱很广，主要以蟋蟀、果蝇和蚱蜢为食。

幽灵螳螂

大多数幽灵螳螂的体色为枯黄色、枯褐色或近似焦黑的颜色。虽然幽灵螳螂体形不大、身材纤细，但它们却是不折不扣的丛林猎手。酷似一片枯叶的外形给了它们最完美的掩护，使其能悄无声息地完成对猎物的捕杀。

魔花螳螂

魔花螳螂是捕食螳螂中体形较大的一种，素有“螳螂之王”的美誉。雄性魔花螳螂的色彩非常艳丽，而雌性的体色以淡黄色为主。遇到敌人时，魔花螳螂会突然高举前肢，摆出一副武术大师的架势来威吓敌人。

蟋蟀

因为雄蟋蟀性格孤僻，喜欢独居且有很强的领地意识，所以它们十分好斗。只有到了繁殖季节，雄蟋蟀才会自己盖“房子”，并通过嘹亮的“歌声”和战斗来吸引雌性。蟋蟀会破坏各种作物的根、茎、叶、果实和种子，所以是一种害虫。

蝼蛄

蝼蛄体形较小，生活在地下。有趣的是，雌蝼蛄产卵前夕，会在地下挖一个宽敞的洞穴作为自己的“产房”。虽然蝼蛄会对农作物造成危害，但随着各方面研究水平的不断提高，它们很有可能成为一种极具前途、应用广泛的动物药材。

螽斯

螽斯俗称蝈蝈，同蟋蟀一样，雄性的螽斯也十分善于鸣叫，主要用来求偶、战斗和发出警报。螽斯的体色几乎都是绿色或褐色，在不鸣叫时很难被天敌发现。螽斯既吃动物也吃植物，会对农作物造成一定的损害。

中华剑角蝗

中华剑角蝗是一种身体细长、后肢发达的昆虫。其长有翅膀，也能够飞行，但活动仍以跳跃为主。中华剑角蝗常以农作物为食，并且数量庞大，繁殖力极强，严重威胁着我国的农业生产。

中华稻蝗

中华稻蝗又称稻蝗、蚱蜢，在中国南北各水稻产区均有分布，聚集造成危害。它们主要取食水稻、玉米、芦苇等禾本科植物，会对农作物造成危害。对中华稻蝗可采用物理、化学、生物等方法进行防治。

蠼螋

蠼螋俗称夹板虫，是一种长有钳状或镊状坚硬尾铗的昆虫。它们喜欢潮湿阴暗的环境，昼伏夜出、行动敏捷。蠼螋多为杂食性，有的以农作物害虫为食，但许多蠼螋本身也是农作物和园林的害虫。

guǒ luǒ
蜾蠃

guǒ luǒ yòu míng xì yāo fēng zhǐ yǒu dāng
蜾蠃又名细腰蜂，只有当
cí xìng guǒ luǒ yào chǎn luǎn shí cái huì zhù cháo
雌性蜾蠃要产卵时才会筑巢。
tā men tōng cháng huì bǔ zhuō yì xiē lín chì mù
它们通常会捕捉一些鳞翅目
yòu chóng jīng zhē cì hòu zhù yú cháo shì nèi
幼虫，经蜇刺后贮于巢室内，
yǐ gōng qí yòu chóng fū huà hòu shí yòng guǒ
以供其幼虫孵化后食用。蜾
luǒ zài fán zhí gāo fēng qī měi tiān huì bǔ shí
蠃在繁殖高峰期每天会捕食
jí duō de hài chóng shì nóng lín de zhōng shí
极多的害虫，是农林的忠实
wèi shì
卫士。

tiào máng chūn
跳盲蝽

tiào máng chūn shàn cháng tiào yuè shēn tǐ chéng
跳盲蝽擅长跳跃，身体呈
hēi sè jù yǒu guāng zé tā men de shēn tǐ jiào
黑色，具有光泽。它们的身体较
wéi róu ruò tóu bù yǒu xiē xià qīng huò chuí zhí
为柔弱，头部有些下倾或垂直。
tiào máng chūn duō wéi zhí shí xìng xǐ shí zhí wù de
跳盲蝽多为植食性，喜食植物的
huā bàn zǐ fáng hé yòu guǒ děng yǒu shí huì jiān
花瓣、子房和幼果等，有时会兼
shí yì xiē xiǎo xíng de ruǎn tǐ kūn chóng zhè zài qí
食一些小型的软体昆虫，这在其
fán zhí qī huì tǐ xiàn de gèng wéi míng xiǎn
繁殖期会体现得更为明显。

zhuī chūn
锥蝽

zhuī chūn yīn qí tóu bù xiá cháng zhǎng de
锥蝽因其头部狭长，长得
xiàng yí gè zhuī zi ér dé míng zhuī chūn de yòu
像一个锥子而得名。锥蝽的幼
chóng hé chéng chóng jūn xī shí rén lèi xuè yè
虫和成虫均吸食人类血液，
cháng dīng cì rén tǐ luǒ lù bù wèi yīn wèi tā
常叮刺人体裸露部位。因为它
men xǐ huan xún zhǎo rén lèi pí fū jiào báo de qū
们喜欢寻找人类皮肤较薄的区
yù xià kǒu bǐ rú chún bù yǎn jiǎn děng
域下口，比如唇部、眼睑等，
suǒ yǐ yě bèi chēng wéi jiē wěn chóng
所以也被称为“接吻虫”。

chūn xiàng
椿象

chūn xiàng de zhǒng lèi fán duō dàn jī
椿象的种类繁多，但几
hū suǒ yǒu de chūn xiàng dōu zhǎng zhe xì ér jiān
乎所有的椿象都长着细而尖
de kǒu qì xī shí zhí wù de zhī yè duì
的口器，吸食植物的汁液，对
zhí wù zào chéng yí dìng de sǔn hài dāng yù dào
植物造成一定的损害。当遇到
wēi xiǎn shí chūn xiàng huì tōng guò xiōng bù de
危险时，椿象会通过胸部的
chòu xiàn jiāng chòu qì shì fàng dào kōng qì zhōng
臭腺将臭气释放到空气中，
zì jǐ zài chèn jī táo pǎo
自己再趁机逃跑。

蚜虫

　　蚜虫常在植物的叶片、花、嫩茎等部位吸食汁液，这不仅阻碍了植物生长，还会造成花、叶、芽的畸形，甚至是全株枯死，它们还会排出一种分泌物，影响植物的呼吸和光合作用。因此，蚜虫被称为“植物克星”。

龙眼鸡

　　龙眼鸡外形很美丽，但它们其实是热带、亚热带果园中常见的害虫，特别是会吸食龙眼、荔枝等果树的树液。不过，龙眼鸡含有大量的蛋白质，如果烹调得当，可以作为绝佳的昆虫美食。

水黾

水黾常栖息于平静的水面上。它们身体细长，非常轻盈；前足短，可以用来捕捉猎物；中足和后足很细长，长着油质的细毛，具有防水作用。水黾不仅对水体有一定的清洁作用，还能吃掉蚊子等害虫，所以它们是一种益虫。

叶蝉

叶蝉是农林业的重要害虫，不仅会危害农作物，还会传播植物病毒。叶蝉的成虫会用嘴刺吸植物的汁液，造成叶片汁液损失及叶绿素被破坏，严重时能使枝条的叶片全部枯萎。

角蝉

角蝉又称“刺虫”，是头上长“角”的昆虫。它们头上的角形态各异，有的像两根尖刺，有的像一顶帽子。角蝉会排出甜甜的蜜露供蚂蚁吸食，而当它们遇到天敌时，附近的蚂蚁就会赶来保护角蝉。

蝉

蝉是夏季常见的一种鸣虫。雌蝉会将卵产在树皮中，幼虫孵出后会钻入地下，经过几年长成成年蝉。蝉在“口渴”时常会用自己坚硬的“嘴”插入树干，吸食其中的汁液，这对树木的伤害很大。

斑衣蜡蝉

斑衣蜡蝉又名椿皮蜡蝉、春姑娘、花姑娘等。它们的头部小，身体呈淡褐色，触角生在复眼下方。它们会集群在植物的叶背、嫩梢上刺吸汁液，致使被害植株发生嫩梢萎缩、畸形等，严重影响了植株的生长和发育。

草蛉

草蛉是一种较为凶猛的捕食性昆虫。它们的身体柔软、细长，翅膀又大又薄，布满了绿色的网状纹。草蛉的主要食物是蚜虫，还能捕食多种农业害虫，是当之无愧的灭虫能手。

树栖虎甲

树栖虎甲主要栖息在树上、草丛中。它们虽然个头儿不大，但腿部较长、口器锋利，还有虎甲家族快速飞行的技能。因此，蚂蚁、蜘蛛、蟋蟀、蝗虫以及其他昆虫的幼虫，都是树栖虎甲猎食的目标。

金斑虎甲

金斑虎甲的鞘翅颜色鲜艳，长有斑斓的色斑。它们的移动速度很快，每秒可移动的距离相当于其体长的100多倍，堪称昆虫界的F1赛车。因为金斑虎甲喜欢捕食各种小型昆虫，因此在害虫生物防治上能够发挥极大的作用。

疤步甲

疤步甲因其鞘翅上成行的瘤突而得名。它们多为地栖性，常在地表活动。疤步甲的行动敏捷，特别喜欢潮湿的土壤或靠近水源的地方。它们多分布于热带和亚热带地区，主要以小型昆虫以及软体动物为食。

龙虱

龙虱既能游泳，又擅长飞行，多生活在水草丰富的池塘、沼泽、水沟等处。它们停在水底时，后足会微微翘起，从鞘翅下挤出一个用于呼吸的气泡。龙虱有很强的趋光性，常常会被光亮所吸引。

隐翅虫

隐翅虫是一种鞘翅极短、腹部体节外露的小昆虫，在世界各地均有分布。它们的身体细长，腹尾呈黑色，前胸、腹部及足为橘黄色。隐翅虫喜欢潮湿的环境，经常在树林间捕食小型昆虫等。

埋葬虫

埋葬虫是一种食腐甲虫，多以动物尸体为食。埋葬虫在食用动物尸体的时候，总是不停地挖掘尸体下面的土地，最后会自然而然地把动物尸体“埋葬”在地下，它们也因此而得名。

qiāo jiǎ
锹 甲

qiāo jiǎ yòu chēng qiāo xíng chóng shì yì
锹甲又称锹形虫，是一
zhǒng tǐ xíng jù dà shàng è jí qí fā dá de
种体形巨大，上颚极其发达的
jiǎ chóng tā men de shēn tǐ cū zhuàng duō shù
甲虫。它们的身体粗壮，多数
tǐ sè wéi hēi sè huò hè sè shǎo shù sè cǎi
体色为黑色或褐色，少数色彩
bǐ jiào míng liàng qiāo jiǎ fēi cháng hào dòu
比较明亮。锹甲非常好斗，
jīng cháng wèi le zhēng duó yì xìng ér fā shēng
经常为了争夺异性而发生
zhēng dòu
争斗。

dú jiǎo xiān
独角仙

dú jiǎo xiān shì yì zhǒng shēng huó zài sēn
独角仙是一种生活在森
lín lǐ de zhǎng yǒu fā dá de tóu jiǎo de kūn
林里的，长有发达的头角的昆
chóng dú jiǎo xiān de tóu suī rán hěn xiǎo dàn
虫。独角仙的头虽然很小，但
tóu jiǎo fēi cháng dà mò duān yǒu fēn chà
头角非常大，末端有分叉，
shì tā men fēi cháng lì hài de wǔ qì jù
是它们非常厉害的武器。据
shuō dú jiǎo xiān kě yǐ jǔ qǐ xiāng dāng yú zì
说，独角仙可以举起相当于自
jǐ tǐ zhòng shù bǎi bèi de wù tǐ shì shēng
己体重数百倍的物体，是生
wù jiè dāng zhī wú kuì de dà lì shì
物界当之无愧的大力士。

蜣螂

蜣螂全体呈黑色，稍带光泽。它们还有一个更为人们所熟知的名字——“屎壳郎”。蜣螂具有一定的趋光性，是一种在夜间活动的昆虫。大多数蜣螂以动物粪便为食，有“自然界清道夫”的美称。

格彩臂金龟

格彩臂金龟是一种体形较大的甲虫。它们长着长长的前足，上面还生有很多小刺。它们一般在晚上出来活动，非常喜欢靠近亮光。因其形态奇异，色彩艳丽，引得不法分子野外滥捕，导致其数量急剧下降，现已被列入国家二级保护动物。

短毛斑金龟

短毛斑金龟的鞘翅呈黄褐色，全身遍布灰黄色、黑色或栗色的茸毛。因为它们基本不具有攻击性，所以经常“拟态”为蜜蜂、熊蜂或胡蜂等蜂类吸食花蜜，这可以使其天敌误认为它们具有攻击性而有所忌惮。

小青花金龟

小青花金龟是常见的中小型金龟子。它们飞行时很有特点，前翅并不张开，后翅从前翅侧缘的弧形凹槽中伸出。小青花金龟特别喜欢咬食果树的芽、花蕾、花瓣及嫩叶，会严重影响果树的产量和长势。

吉丁虫

吉丁虫被称为“彩虹的眼睛”，是一种极为美丽的甲虫。它们的体色非常美丽，尤其是鞘翅的色彩绚丽，还泛着金属光泽。吉丁虫喜欢阳光，通常栖息在树干的向阳部分。

叩头虫

叩头虫是一种身体狭长，会不断“叩头”，发出“咔咔”声的小型昆虫。叩头虫会弯下前胸，将头部垂下，然后又突然挺胸抬头，动作就像叩头一样，这其实是它们传递信息或吸引异性的一种行为。

萤火虫

萤火虫因其尾部能发出荧光而得名。它们是一种很常见的昆虫，“囊萤映雪”讲的就是古人借用萤火虫的光亮刻苦读书的故事。萤火虫能精确地控制荧光的亮灭时间，并用“灯语”进行信息交流。

芫菁

芫菁是一种会分泌刺激性物质的小甲虫，在山区、林地比较常见。它们的食量比较大，经常攀附在花朵、枝叶或果实上啃食，危害植物生长。芫菁喜欢在白天活动，经常组成群体集中取食和迁移。

qī xīng piáo chóng

七星瓢虫

qī xīng piáo chóng sú chēng huā dà jiě
七星瓢虫俗称花大姐。
dāng yù dào wēi xiǎn shí tā men tōng cháng huì
当遇到危险时，它们通常会
fēn mì yì zhǒng xīng chòu de huáng sè yè tǐ
分泌一种腥臭的黄色液体，
suī rán wú dú què yě néng duì dí hài qǐ dào
虽然无毒，却也能对敌害起到
dòng hè zuò yòng qī xīng piáo chóng shì rén lèi
恫吓作用。七星瓢虫是人类
de hǎo péng you shì xiāo miè jiè qiào chóng hé
的好朋友，是消灭蚧壳虫和
yá chóng de gāo shǒu bèi chēng wéi huó
蚜虫的高手，被称为“活
nóng yào
农药”。

tài tǎn jiǎ chóng

泰坦甲虫

rú guǒ suàn shàng chù jiǎo de huà tài tǎn
如果算上触角的话，泰坦
jiǎ chóng de tǐ cháng kě yǐ dá dào
甲虫的体长可以达到18~23
lí mǐ jù shuō tài tǎn jiǎ chóng de xià è
厘米！据说泰坦甲虫的下颚
fēi cháng qiáng zhuàng kě yǐ yǎo duàn yì gēn qiān
非常强壮，可以咬断一根铅
bǐ chéng nián de tài tǎn jiǎ chóng cóng bú jìn
笔。成年的泰坦甲虫从不进
shí zhǐ shì dào chù fēi lái fēi qù xún zhǎo pèi
食，只是到处飞来飞去寻找配
ǒu bìng qiě hěn róng yì bèi qiáng guāng suǒ
偶，并且很容易被强光所
xī yǐn
吸引。

星天牛

星天牛长着长长的触角，鞘翅上有多个白点。它们是重要的林木钻蛀性害虫，主要蛀食寄主枝干和根的木质部，会使树木生长不良，易被吹折或终至枯死，现已被列为国际重要检疫对象。

桃红颈天牛

桃红颈天牛又称红颈天牛，除前胸为深红色外，其余体色均为漆黑，而且具有光泽。它们主要危害核果类的果树，以及杨、柳、栎等林木。我们可通过人工捕杀、注药消灭、树干涂白等方法对其进行防治。

huáng jīn guī jiǎ chóng

黄金龟甲虫

huáng jīn guī jiǎ chóng shì yì zhǒng xiǎo qiǎo
黄金龟甲虫是一种小巧
ér mí rén de shēng wù tā men de wài xíng yǔ
而迷人的生物。它们的外形与
piáo chóng hěn xiàng qiān niú huā shì huáng jīn guī
瓢虫很像。牵牛花是黄金龟
jiǎ chóng xǐ huan de shí wù suǒ yǐ zài zǎo
甲虫喜欢的食物，所以在早
chén de qiān niú huā huā yuán zhōng jīng cháng néng
晨的牵牛花花园中，经常能
gòu kàn jiàn tā men de shēn yǐng
够看见它们的身影。

微信扫码
· 聆听科学奥秘
· 观看百科故事
· 图解自然奥秘
· 闯关科普挑战

xiàng bí chóng

象鼻虫

xiàng bí chóng zhǎng zhe yì gēn xì cháng
象鼻虫长着一根细长
de tóu guǎn xíng sì xiàng bí tā men de
的头管，形似象鼻。它们的
tóu bù fēi cháng líng huó ér chù jiǎo shēng yú
头部非常灵活，而触角生于
tóu guǎn zhī shàng zhè zài qí tā kūn chóng zhōng
头管之上，这在其他昆虫中
jí wéi shǎo jiàn yǒu xiē zhǒng lèi de xiàng bí
极为少见。有些种类的象鼻
chóng néng zài zhí wù de gēn jīng yè huò
虫能在植物的根、茎、叶或
gǔ lèi dòu lèi zhōng zhù shí duì zuò wù zào
谷类、豆类中蛀食，对作物造
chéng yí dìng wēi hài
成一定危害。

蚊子

蚊子很喜欢水，其幼虫也往往滋生于水中。蚊子的口器（又称喙鞘）呈长喙状，里面包裹着六根分工明确的“吸血工具”。蚊子叮咬会造成不适，而且蚊子还会携带、传播各种病菌，给人类的健康带来严重威胁。

虻

虻的外形很像一只巨大的苍蝇，是吸血昆虫中的巨无霸。它们不仅叮咬动物，还会攻击人类。虻的刺吸式口器很锋利，能轻易划破动物的皮肤，就连坚韧的牛皮也无法幸免。

苍蝇

苍蝇的身上携带着大量的病菌，而且极易将这些病菌间接传播给人。苍蝇的一只复眼由几千只小眼组成，视觉范围接近360度。它们停下来的时候总是把脚搓来搓去，这其实是在清理身体，以此提高自己飞行的速度和稳定性。

白蛉

白蛉和蚊子的外形有点儿像。它们会以刺吸式口器刺入人和动物的皮肤吸食血液。被叮咬者会感觉到痒，有时会出现红色丘疹和风团。除此之外，白蛉还是黑热病的重要传播媒介。

蜂蝇

蜂蝇非常喜欢阳光，是不折不扣的飞行健将，总是在花间和草丛里飞舞，取食花粉和花蜜。蜂蝇并没有蜇针，但它们能模仿蜂类的蜇刺动作，还能发出像蜜蜂一样的“嗡嗡”声，是动物界的拟态高手。

蝎蝇

蝎蝇看起来很像是黄蜂与蝎子的结合体。它们虽然长有蝎子似的尾巴，但其并不是武器，而且无毒。大多数蝎蝇是杂食动物，有的雄性蝎蝇会入侵蜘蛛网，偷走死去的昆虫。

chǐ huò
尺蠖

chǐ huò xíng dòng shí shēn tǐ yì qū yì
尺蠖行动时身体一屈一
shēn rú tóng rén yòng shǒu liáng chǐ yí yàng
伸，如同人用手量尺一样，
gù yóu cǐ ér dé míng tā men xǐ huan zài yè
故由此而得名。它们喜欢在叶
piàn biān yuán huó dòng kěn shí nèn yè zài shòu
片边缘活动，啃食嫩叶。在受
dào jīng xià shí chǐ huò huì tǔ chū xì sī
到惊吓时，尺蠖会吐出细丝，
tū rán cóng shù shàng chuí xià lái chǐ huò shì
突然从树上垂下来。尺蠖是
nóng yè hài chóng huì duì guǒ shù chá shù
农业害虫，会对果树、茶树、
sāng shù hé mián huā děng zào chéng wēi hài
桑树和棉花等造成危害。

cǎo dì míng
草地螟

cǎo dì míng shì yì zhǒng duō shí xìng hài
草地螟是一种多食性害
chóng kě wēi hài duō zhǒng zuò wù mù cǎo
虫，可危害多种作物、牧草
hé guàn mù tā men de yòu chóng chū qī huì
和灌木。它们的幼虫初期会
qǔ shí yòu nèn yè piàn de yè ròu suí zhe nián
取食幼嫩叶片的叶肉，随着年
líng de zēng zhǎng qí shí liàng yě huì dà zēng
龄的增长其食量也会大增，
bù duàn yǎo shí yè ròu cǎo dì míng wēi hài yán
不断咬食叶肉。草地螟危害严
zhòng shí huì jiāng yè zi kěn shí zhì jǐn shèng yè
重时会将叶子啃食至仅剩叶
mài shèn zhì quán bù chī guāng
脉，甚至全部吃光。

hǔ é
虎蛾

hǔ é de xíng tài tè zhēng yǔ yè é jí
虎蛾的形态特征与夜蛾极
wéi xiāng sì kě tōng guò chù jiǎo duān bù de
为相似，可通过触角端部的
hòu dù duì èr zhě jìn xíng qū fēn tā men de
厚度对二者进行区分。它们的
yòu chóng duō jù yǒu xuàn lì de sè cǎi hé xiān
幼虫多具有绚丽的色彩和鲜
míng de bān wén hǔ é zhǔ yào zài rì jiān huó
明的斑纹。虎蛾主要在日间活
dòng huì xī shuǐ hé qǔ shí huā mì tā men
动，会吸水和取食花蜜。它们
de fēi xíng néng lì hěn qiáng yǒu xiē hǔ é
的飞行能力很强，有些虎蛾
zài fēi xíng shí huì fā chū shēng xiǎng
在飞行时会发出声响。

huì wěi é
彗尾蛾

huì wěi é yuán chǎn yú mǎ dá jiā sī jiā
彗尾蛾原产于马达加斯加
yǔ lín zhōng shì yì zhǒng tǔ sī jié jiǎn de
雨林中，是一种吐丝结茧的
yě shēng kūn chóng tā men zài mǎ dá jiā sī
野生昆虫。它们在马达加斯
jiā dǎo dōng bù de ān dá xī bèi màn tǎ dí
加岛东部的安达西贝－曼塔迪
yà guó jiā gōng yuán zhōng bèi fā xiàn huì wěi
亚国家公园中被发现。彗尾
é yōng yǒu lìng rén tàn wéi guān zhǐ de chì bǎng
蛾拥有令人叹为观止的翅膀，
yě yīn wéi qí cháng cháng de wěi bù ér wén míng
也因为其长长的尾部而闻名
yú shì
于世。

刻克罗普斯蚕蛾

刻克罗普斯蚕蛾也被称为“罗宾蛾”，其生存范围覆盖了北美洲东部的大部分地区。它们是在北美洲发现的体形最大的蛾类。有记录显示，雌性刻克罗普斯蚕蛾的翼展可达130毫米以上。

蚕

蚕的一生要经过卵、幼虫、蛹、成虫四个完全不同的发育阶段。它们主要包括家蚕和野蚕等品种，是一种重要的经济昆虫。中国是世界上最早养蚕、缫丝、织绸的国家，并将丝绸远销欧洲，形成了著名的“丝绸之路”。

hú táo jiǎo é
胡桃角蛾

hú táo jiǎo é yě bèi chēng wéi huáng jiā
胡桃角蛾也被称为皇家
hé tao é zhǔ yào fēn bù yú mò xī gē
核桃蛾，主要分布于墨西哥。
yīn wèi tā men yán zhòng wēi hài hú táo mù de
因为它们严重危害胡桃木的
shēngzhǎng yě bèi dāng dì rén chēng wéi hú táo
生长，也被当地人称为“胡桃
mù mó guǐ hú táo jiǎo é de yòu chóng wài xíng
木魔鬼”。胡桃角蛾的幼虫外形
qí tè qiě wēn hé wú dú bèi hěn duō rén dàng zuò
奇特且温和无毒，被很多人当作
chǒng wù sì yǎng
宠物饲养。

fēng niǎo yīng é
蜂鸟鹰蛾

fēng niǎo yīng é shì yì zhǒng kù sì fēng
蜂鸟鹰蛾是一种酷似蜂
niǎo de é zi bèi chēng wéi kūn chóng zhōng de
鸟的蛾子，被称为昆虫中的
sì bú xiàng yǔ dà duō shù é lèi bù
“四不像”。与大多数蛾类不
tóng fēngniǎo yīng é duō zài bái tiān míngliàng de
同，蜂鸟鹰蛾多在白天明亮的
yángguāng xià fēi xíng fēngniǎo yīng é chángcháng
阳光下飞行。蜂鸟鹰蛾长长
de huì zuǐ jiù xiàng xī guǎn yí yàng píng shí shì
的喙嘴就像吸管一样，平时是
juǎn qū zhe de xī shí huā mì shí cái huì shēn
卷曲着的，吸食花蜜时才会伸
zhǎn kāi lái
展开来。

鬼脸天蛾

鬼脸天蛾的背上长着奇特的斑纹。除此之外，它们还有很多奇异的习性。比如，大部分蛾类都会自己采食花蜜，而鬼脸天蛾却会袭击蜜蜂的蜂巢，抢夺里面的蜂蜜为食。鬼脸天蛾是害虫，会严重危害茄科植物的叶片。

绿尾大蚕蛾

绿尾大蚕蛾是一种体形优美、后翅像尾巴一样的大型蛾类。它们的触角很短，为土黄色，雌雄均为双栉形。绿尾大蚕蛾翅膀上的圆形眼斑就像眼睛一样，可以迷惑敌人。

红天蛾

hóng tiān é de yǒng chéng fǎng chuí xíng tǐ chì yǐ hóng sè wéi zhǔ qí tóu bù liǎng cè jí bèi bù yǒu hóng sè dài hóng tiān é bái tiān duǒ zài shù guān yīn liáng chù bàng wǎn chū lái huó dòng tā men yì bān huì jiāng luǎn chǎn zài zhí wù de nèn shāo shàng jí yè duān bù qí yòu chóng jīng cháng yǐ yè piàn wéi shí huì yǐng xiǎng zhí zhū de shēng zhǎng fā yù

红天蛾的蛹呈纺锤形，体、翅以红色为主，其头部两侧及背部有红色带。红天蛾白天躲在树冠阴凉处，傍晚出来活动。它们一般会将卵产在植物的嫩梢上及叶端部，其幼虫经常以叶片为食，会影响植株的生长发育。

亚麻篱灯蛾

yà má lí dēng é mù qián zài wǒ guó hěn duō dì qū jūn yǒu fēn bù tā men tǐ sè wéi hóng zōng sè xiōng bèi bù yǒu cháng róng máo chì bǎng yǒu hěn qiáng de tiān é róng zhì gǎn yà má lí dēng é yǒu yí dìng de biāo běn shōu cáng jià zhí cǐ wài tā men duì yì xiē zhí wù yǒu yí dìng de wēi hài

亚麻篱灯蛾目前在我国很多地区均有分布。它们体色为红棕色，胸背部有长绒毛，翅膀有很强的天鹅绒质感。亚麻篱灯蛾有一定的标本收藏价值。此外，它们对一些植物有一定的危害。

lù é

鹿 蛾

lù é de wài biǎo sè cǎi yàn lì
鹿蛾的外表色彩艳丽，
shí fēn xiàng bān é huò huáng fēng de pí fū
十分像斑蛾或黄蜂的皮肤。
lù é de wèi dào yuè bù hǎo fū sè yuè xiǎn
鹿蛾的味道越不好，肤色越显
yǎn zhè yàng yì lái tā men míng liàng de fū
眼。这样一来，它们明亮的肤
sè jiù gòu chéng le yì zhǒng jǐng jiè sè sì
色就构成了一种警戒色，似
hū zài duì bǔ shí zhě shuō bié bǎ wǒ dāng
乎在对捕食者说：“别把我当
měi wèi jiā yáo fǒu zé nǐ huì shī wàng de
美味佳肴，否则你会失望的。”

yù dài fèng dié

玉带凤蝶

yù dài fèng dié xǐ huan tàn fǎng huā duǒ
玉带凤蝶喜欢探访花朵，
jīng cháng zài yáng guāng chōng zú de shí hou chū
经常在阳光充足的时候出
xiàn zài huā yuán zhōng tā men huì yòng xì cháng
现在花园中。它们会用细长
de zú pān fù zài huā zhī shàng rán hòu yòng xì
的足攀附在花枝上，然后用细
cháng de zuǐ xī shí huā mì yīn qiú ǒu shí liǎng
长的嘴吸食花蜜。因求偶时两
dié piān piān qǐ wǔ tā men hái bèi rèn wéi shì
蝶翩翩起舞，它们还被认为是
liáng zhù de huà shēn
梁祝的化身。

达摩凤蝶

达摩凤蝶经常以其绚丽的花纹，五彩缤纷的色彩，以及动人的舞姿给人美的享受，是观赏蝴蝶中的佼佼者。它们除了经常出现在艺术作品和诗歌等文学作品中之外，其标本还被用来制作成各种工艺品。

金凤蝶

金凤蝶因其体态华贵、花色艳丽而得名，享有“能飞的花朵”“昆虫美术家”等盛名。金凤蝶是一种中大型凤蝶，其体、翅为金黄色，有光泽，具有很高的观赏价值。

小天使翠凤蝶

小天使翠凤蝶主要栖息在山地、林间等处。它们的飞行速度极快，有时候甚至难以被肉眼捕捉到。由于其美丽的外表和独特的生活习性，小天使翠凤蝶极具观赏价值，并被广泛应用于科学研究。

丝带凤蝶

雄性丝带凤蝶的体色素雅，淡黄白色的翅膀上衬有黑、红色花斑。雌蝶体色浓艳绚丽，黑衣褐裙，镶嵌着红色花边。它们破茧成蝶后，会经常流连于花间，用“舞蹈语言”寻觅伴侣或互诉衷肠。

天堂凤蝶

天堂凤蝶的翅膀形状优美，闪烁着纯正的蓝色光泽。它们的后翅以蓝色为主，外缘呈波浪状。天堂凤蝶喜欢炎热，害怕寒冷，它们会在阳光明媚的时候外出晒太阳。冬天来临前，天堂凤蝶会向赤道方向迁徙，第二年春天再返回。

蓝闪蝶

蓝闪蝶翅膀的上表面呈蓝色，下表面的颜色和纹理与枯叶十分相似。硕大的翅膀使它们能够快速地在天空飞行，具有高超的飞行技巧。其幼虫的毛会引起人类皮肤的不适。

大白闪蝶

雄性大白闪蝶的翅膀上有绚丽的金属般的光泽，这与其翅膀上有各种形状的鳞片有关。它们多日间活动，且飞行敏捷。大白闪蝶幼虫如果遇到危险，其体内的腺体会发出刺激性气味，驱赶捕食者。

宽纹黑脉绡蝶

宽纹黑脉绡蝶的翅膀为其提供了最好的伪装，这对翅膀不仅是透明的，而且通常不反光，因而很难对其进行追踪和观察。它们大部分栖息于雨林和山地区域，很擅长飞行。

大二尾蛱蝶

dà èr wěi jiá dié de chù jiǎo hěn cháng jiān duān bǐ jiào cū xiàng gè xiǎo chuí tā men de chì bǎng shàng yǒu fēi cháng měi lì ér fù zá de huā wén zhǎng zhe wěi ba shì de dōng xi dà èr wěi jiá dié de fēi xíng sù dù hěn kuài ér qiě néng líng huó de zài kōng zhōng biàn huàn fēi xíng de fāng xiàng

大二尾蛱蝶的触角很长，尖端比较粗，像个小锤。它们的翅膀上有非常美丽而复杂的花纹，长着“尾巴”似的东西。大二尾蛱蝶的飞行速度很快，而且能灵活地在空中变换飞行的方向。

枯叶蛱蝶

kū yè jiá dié shì yì zhǒng wěi zhuāng néng lì chāo qiáng de hú dié zhǐ yào tā men tíng xià lái hé lǒng chì bǎng jiù huì biàn chéng yí piàn kū yè yǐn cáng zài zhī yè jiān kū yè jiá dié de tiān dí hěn duō suǒ yǐ dà bù fen shí jiān tā men zǒng shì jìng jìng de qī xī zài shù gàn shàng

枯叶蛱蝶是一种伪装能力超强的蝴蝶。只要它们停下来合拢翅膀，就会变成一片“枯叶”，隐藏在枝叶间。枯叶蛱蝶的天敌很多，所以大部分时间，它们总是静静地栖息在树干上。

xiǎo hóng jiá dié
小红蛱蝶

xiǎo hóng jiá dié shì yì zhǒng měi lì de
小红蛱蝶是一种美丽的
hú dié qí sè cǎi xiān yàn huā wén xiāng dāng
蝴蝶，其色彩鲜艳，花纹相当
fù zá xiǎo hóng jiá dié duō fēn bù yú wēn dài
复杂。小红蛱蝶多分布于温带
dì qū bìng qiě yǒu cháng jù lí qiān fēi de
地区，并且有长距离迁飞的
néng lì chéng nián de xiǎo hóng jiá dié huì zài duō
能力。成年的小红蛱蝶会在多
zhǒng zhí wù shàng xī mì tè bié shì jú kē
种植物上吸蜜，特别是菊科
zhí wù
植物。

kǒng què jiá dié
孔雀蛱蝶

kǒng què jiá dié de yǎn zhuàng bān wén yì
孔雀蛱蝶的眼状斑纹一
zhí yǐ lái dōu bèi shì wéi qí xià tuì bǔ shí zhě
直以来都被视为其吓退捕食者
de yǒu lì wǔ qì tā men huì xiān yí dòng bú
的有力武器。它们会先一动不
dòng de zhuāng sǐ rán hòu bǎ dài yǒu yǎn zhuàng
动地装死，然后把带有眼状
bān wén de chì bǎng tū rán zhǎn kāi zhè zú yǐ
斑纹的翅膀突然展开，这足以
bǎ bǔ shí de niǎo lèi xià tuì bǎo zhù zì jǐ
把捕食的鸟类吓退，保住自己
de xìng mìng
的性命。

柳紫闪蛱蝶

柳紫闪蛱蝶翅膀的颜色以黄色为主，需要在逆光且倾斜的条件下才能看到紫色，这种变色特征是雄性的柳紫闪蛱蝶独有的。柳紫闪蛱蝶广泛分布于我国，喜欢吸食杨树和柳树的树干流汁及叶片上的露水。

猫头鹰蝶

猫头鹰蝶是闻名世界的常见大型蝶类。它们的名字来自于其翅膀上一对与猫头鹰眼睛一样的图案，看起来很凶恶，是极其巧妙的伪装。这些图案除了欺骗捕食者，还是一种很明显的警戒色。

黑脉金斑蝶

黑脉金斑蝶俗称帝王蝶，是一种会长途迁徙的蝴蝶。北美洲的黑脉金斑蝶每年都会迁徙到南方过冬，并于第二年春天返回。返回时，雌蝶会将卵产在沼泽乳草等植物上，方便卵孵化后幼虫进食。

菜粉蝶

菜粉蝶的触角较长，为灰白色，末端又粗又黑。它们的足很长，集中在胸部位置。菜粉蝶喜欢在白天活动，其幼虫俗称菜青虫，是有名的害虫。菜青虫食量惊人，严重时能把叶片全部吃光。

姬蜂

姬蜂都是靠寄生在其他昆虫体上生活的。它们的寄生本领十分高强，即使躲藏在厚厚树皮下的昆虫也难逃其手。所幸，姬蜂所寄生的昆虫大多数是农、林业的害虫，其寄生行为可以起到消灭害虫的作用。

杜鹃黄蜂

杜鹃黄蜂又名红宝石黄蜂，其全身五颜六色，犹如彩虹一样美丽。它们属于寄生蜂，经常像杜鹃鸟一样，把自己的卵产在蜜蜂及其他类黄蜂等昆虫的巢穴中，所以因此而得名。

蚁蜂

蚁蜂的全身密布绒毛，是一种独居昆虫。雄性蚁蜂在面对掠食者的时候，因其长有翅膀，可飞离危险。而雌性蚁蜂只能依靠自身的“警戒色”来警告掠食者。当蚁蜂察觉到威胁来临时，还会发出短促的尖鸣声以警告来犯者。

切叶蚁

切叶蚁会从树木和其他植物上切下叶子，并用这些叶子来培养真菌。切叶蚁会用培育出的真菌喂养幼虫，成虫则会吸食被它们切碎的叶片的汁液。它们的牙齿锋利，只需几分钟就能切碎一大片叶子。

织叶蚁

织叶蚁是一种生活在树木顶端，用树叶做巢的蚂蚁。它们的上颚不仅大，而且十分锋利，能紧紧咬住猎物。织叶蚁足的抓力是蚁类家族中的佼佼者，可以牢牢抓住树叶。

行军蚁

行军蚁喜欢群体生活，但它们从不筑巢，从一出生就在不断地发现猎物、吃掉猎物。行军蚁不仅拥有强壮的颚，在捕食时还会像职业军人一样形成不同的进攻小组协同作战，所以才因此而得名。

gōng bèi yǐ
弓背蚁

gōng bèi yǐ shì mǎ yǐ jiā zú zhōng de zhòng yào chéng yuán, yǐ qí zài mù cái lǐ yǎo tōng dào de xí xìng ér wén míng。tā men xǐ huan jiāng cháo zhù yú cháo shī de dì fang, duō zài wǎn shàng xún zhǎo shí wù hé shuǐ。gōng bèi yǐ de bǔ shí néng lì hěn qiáng, zài yà zhōu duō guó jūn yǒu fēn bù。

弓背蚁是蚂蚁家族中的重要成员，以其在木材里咬通道的习性而闻名。它们喜欢将巢筑于潮湿的地方，多在晚上寻找食物和水。弓背蚁的捕食能力很强，在亚洲多国均有分布。

huáng biān hú fēng
黄边胡蜂

huáng biān hú fēng yòu chēng ōu zhōu hú fēng, shì ōu zhōu zuì dà de hú fēng zhī yī。tā men shì zá shí xìng dòng wù, zhǔ yào yǐ dié、é、mì fēng jí qí tā kūn chóng wéi shí, hái néng xī qǔ zhí wù mì xiàn fēn mì de hán táng yè tǐ、chéng shú guǒ shí de zhī yè děng。huáng biān hú fēng shì kūn chóng jiè shí fēn kě pà de liè shí zhě。

黄边胡蜂又称欧洲胡蜂，是欧洲最大的胡蜂之一。它们是杂食性动物，主要以蝶、蛾、蜜蜂及其他昆虫为食，还能吸取植物蜜腺分泌的含糖液体、成熟果实的汁液等。黄边胡蜂是昆虫界十分可怕的猎食者。

蜜蜂

mì fēng

蜜蜂和蚂蚁一样，过着群居的生活。它们整日在花间采蜜，不仅为人类带来了甜甜的蜂蜜，也为花朵做着“传粉”的工作。蜜蜂有着严格的组织纪律性，其分工明确、团结协作、吃苦耐劳，是一种热爱工作的昆虫。

熊蜂

xióng fēng

熊蜂因其硕大而多毛，体态似熊而得名。与蜜蜂相比，其授粉效率更胜一筹。此外，熊蜂在温室环境中具有独特的优势，特别是它们较长的吻，对番茄、辣椒等深冠管花朵农作物的授粉效果更加明显。